我爱
烘焙

Deco Cakes

彩绘蛋糕卷

王森 主编

 中国轻工业出版社

图书在版编目（CIP）数据

彩绘蛋糕卷 / 王森主编. —北京：中国轻工业出
版社，2016.7
（我爱烘焙）
ISBN 978-7-5184-0651-7

Ⅰ．① 彩… Ⅱ．① 王… Ⅲ．① 蛋糕 – 制作 Ⅳ.
① TS213.2

中国版本图书馆CIP数据核字（2015）第240854号

责任编辑：马　妍　　　责任终审：张乃东　　　封面设计：奇文云海
版式设计：奇文云海　　责任校对：李　靖　　　责任监印：胡　兵

出版发行：中国轻工业出版社（北京东长安街6号，邮编：100740）
印　　刷：北京顺诚彩色印刷有限公司
经　　销：各地新华书店
版　　次：2016年7月第1版第2次印刷
开　　本：787×1092　1/16　　印张：7.5
字　　数：150千字
书　　号：ISBN 978-7-5184-0651-7　定价：35.00元
邮购电话：010-65241695　传真：65128352
发行电话：010-85119835　85119793　传真：85113293
网　　址：http://www.chlip.com.cn
Email：club@chlip.com.cn
如发现图书残缺请直接与我社邮购联系调换
160638S1C102ZBW

序

　　看到像彩虹一样的蛋糕，你的心情是否会豁然开朗？吃着软软甜甜的蛋糕卷，像梦中坐在云朵上一样，你是否会因此而获得一份轻松自在？

　　这是怎样一种神奇的存在呢？使用烤盘纸就能够很容易地描绘出图案，即使是不擅长绘画的你也能做出很漂亮的彩绘蛋糕卷！

　　彩绘蛋糕卷改变了以往人们对蛋糕卷的印象，除了加入可可粉、抹茶粉等材料来调整口感和颜色外，只要稍下点功夫，在外观上描绘出各种图案，彩绘蛋糕卷瞬间就能让人惊叹不已。

　　彩绘蛋糕卷的做法是将手绘稿放在烤箱上，取出部分面糊，照着图案描绘，再将画好图案的烤盘放入烤箱中烘烤一两分钟，最后倒入全部的面糊烘烤，烤好后翻面，涂抹馅料后再将蛋糕体卷起来就完成了！

　　大自然的景物、卡通形象、几何图形、圣诞节装饰图案、不同的动物花纹……，各式各样的手绘造型，近50款作品收录在本书中，只要掌握了做法，在制作上变化一下图案，就可以让蛋糕卷更加可爱。这是一本会让每个人都露出笑容的彩绘蛋糕卷制作书，希望能与爱好者们共享！

目录 contents

实战篇

基础篇

基础材料

低筋面粉
蛋白质含量较低的面粉，通常蛋白质含量在8.5%以下，用来制作蛋糕和饼干。

色拉油
调和油的一种，主要是以植物油为基础调制的适合冷食食物的食用油。

竹炭粉
用来调色，还可使食物更加的香软可口。

蛋白
在烘焙中起到调节口感、增强营养的作用，有助于打发。

砂糖
主要的西式甜点甜味剂，颗粒较为细小，容易搅拌融化。

色香油
带水果味道的食用色素，常用于制作各种口味的糕点、爆米花和棉花糖。相比食用色素而言，口味纯正，用量较少。

牛奶
即为鲜牛奶，可以增加面团的湿润度和蛋糕的香味。

必备工具

打蛋盆
一般使用不锈钢盆，大小合适即可。

打蛋器
搅拌液体时使用。

小刮板
刮面糊时使用。

网筛
用来把颗粒较粗的粉类筛细，使制作出的蛋糕口感更好。

电动搅拌器
用于打发奶油、蛋液或蛋白，方便快速。

量杯
用来称量材料，方便快捷。

电子秤
可以精准地称量材料，最好使用可以精确到克的电子秤。

烤盘
烘焙必需品，一般为方形、圆形或长方形。

高温布
可用于高温烘烤。

基础
蛋糕卷

白雪蛋糕

配　方

A　牛奶：250克

　　色拉油：50克

　　低筋面粉：275克

　　泡打粉：5克

　　蛋白：190克

B　蛋白：400克

　　砂糖：225克

　　白醋或柠檬汁：几滴

　　细盐：2克

制作过程

1　在调理盆中倒入牛奶，加入色拉油混合拌匀。

2　将过筛的低筋面粉加入牛奶中混合拌匀，充分搅拌至出现黏性。

3　再加入泡打粉混合拌匀。

4　将A中的蛋白分次加入，混合拌匀。

5　将B中的蛋白放入干净的打蛋器桶中，放入砂糖。再加入白醋或柠檬汁，先用中低速慢慢拌匀。

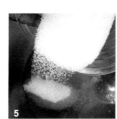

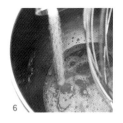 

 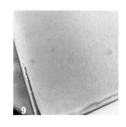

6 最后加入细盐，改用中速打发至中性发泡。

7 将1/3打发好的蛋白放入面糊中混合搅拌至成为质地光滑的面糊为止。

8 倒入剩余的蛋白中充分搅拌均匀。

9 用烤箱以上火170℃、下火130℃烘烤12~15分钟，将竹签插入蛋糕体中，如果没有粘面糊，烘烤即完成。

戚风蛋糕

配 方

A 牛奶：250克

色拉油：50克

低筋面粉：275克

泡打粉：5克

蛋白：190克

蛋黄：150克

B 蛋白：400克

砂糖：225克

白醋或柠檬汁几滴

细盐：2克

制作过程

1 在调理盆中倒入牛奶，加入色拉油混合拌匀。

2 过筛的低筋面粉加入牛奶中混合拌匀，充分搅拌至出现黏性。

3 再加入泡打粉混合拌匀。

4　将A中的蛋白分次加入，混合拌匀。

5　将A中的蛋黄加入搅拌盆中的面糊中混合拌匀。

6　将B中的蛋白放入干净的打蛋器桶中，放入砂糖。再加入几滴白醋或柠檬汁，先用中低速慢慢搅拌均匀。

7　最后加入细盐，改用中速打发至中性发泡。

8　将打发好的蛋白放入1/3至面糊中混合搅拌至成为质地光滑的面糊为止。

9　再将搅拌好的做法6倒入剩余的蛋白中充分搅拌均匀（当蛋糕需要不同的色彩的时候可以加入适量的色香油混合拌匀）。

10　蛋糕面糊倒入烤盘中，用刮板将面糊完全抹平。轻敲烤盘2、3次，将空气排出。

11　用烤箱以上火170℃、下火130℃烘烤12~15分钟，将竹签插入蛋糕体中，如果没有粘面糊，烘烤即可完成。离开烤箱后在表面覆盖一层蛋糕纸，倒扣在网架上，表面高温布揭开，再立即盖在蛋糕体表面，待其慢慢散热。

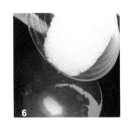

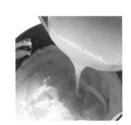

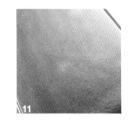

夹心馅料

菠萝奶油霜

配方

淡奶油：100克

糖粉：10克

菠萝果粒果酱：50克

制作过程

1　将淡奶油放入打蛋器中，加入糖粉。

2　打蛋器保持中速，将淡奶油打发至中性发泡。

3　将打发好的淡奶油与菠萝果粒果酱混合拌匀。

4　用抹刀将菠萝奶油霜抹在蛋糕面上，厚度尽量平均。

5　将擀面杖放在蛋糕纸下面，卷在蛋糕纸内，同时将擀面杖提高，置于蛋糕体上方。

6　双手卷蛋糕体，顺势向前卷起即成圆柱体。

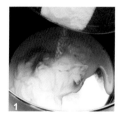
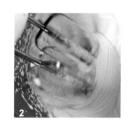

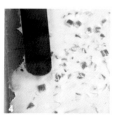
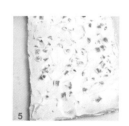

草莓奶油霜

配 方

淡奶油：100克

糖粉：10克

草莓果粒果酱：50克

制作过程

1 将淡奶油放入打蛋器中，加入糖粉。

2 打蛋器保持中速，将淡奶油打发至中性发泡。

3 将打发好的淡奶油与草莓果粒果酱混合拌匀。

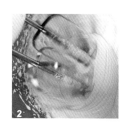

覆盆子奶油霜

配 方

淡奶油：100克

糖粉：10克

覆盆子果酱：50克

制作过程

1 将淡奶油放入打蛋器中，加入糖粉。

2 打蛋器保持中速，将淡奶油打发至湿性发泡。

3 将打发好的淡奶油与覆盆子果酱混合拌匀。

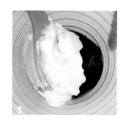

黑芝麻奶油霜

配 方

制作过程

淡奶油：100克

糖粉：10克

黑芝麻酱：100克

1　将淡奶油放入打蛋器中，加入糖粉。

2　打蛋器保持中速，将淡奶油打发至湿性发泡。

3　加入黑芝麻酱混合拌匀。

4　最后确保黑芝麻酱与淡奶油完全融合成黑芝麻奶油馅。

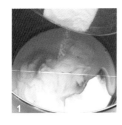   

红豆沙奶油霜

配 方

制作过程

淡奶油：100克

糖粉：10克

红豆沙：100克

蜜红豆：100克

1　将淡奶油放入打蛋器中，加入糖粉。打蛋器保持中速，将淡奶油打发至湿性发泡。

2　再加入红豆沙混合搅打均匀。

3　最后确保红豆沙与淡奶油完全融合成豆沙奶油馅，用抹刀将豆沙奶油馅抹在蛋糕面上，厚度尽量平均。

4　在抹平的奶油馅表面撒上蜜红豆。

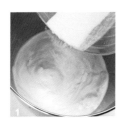 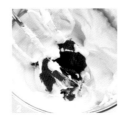  

红薯奶油霜

配 方

淡奶油：100克

糖粉：50克

无盐黄油：50克

红薯泥：250克

制作过程

1 将淡奶油放入打蛋器中，加入糖粉。

2 打蛋器保持中速，将淡奶油打发至湿性发泡，再加入无盐黄油搅打均匀。

3 加入红薯泥混合搅打均匀。

  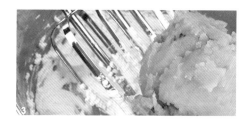

花生奶油霜

配 方

淡奶油：100克

糖粉：10克

花生酱：100克

制作过程

1 将淡奶油放入打蛋器中，加入糖粉。

2 打蛋器保持中速，将淡奶油打发至湿性发泡。

3 加入花生酱混合拌匀。

4 最后确保花生酱与淡奶油完全融合成花生奶油霜。

 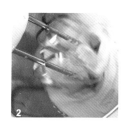  

蔓越莓奶油霜

配　方

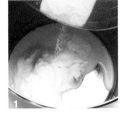

淡奶油：100克

糖粉：10克

蔓越莓果蓉：50克

制作过程

1 将淡奶油放入打蛋器中，加入糖粉。

2 打蛋器保持中速，将淡奶油打发至中性发泡。

3 打发好的淡奶油与蔓越莓果蓉混合拌匀。

蜜红豆奶油霜

配　方

淡奶油：100克

糖粉：10克

蜜红豆：100克

制作过程

1 将淡奶油放入打蛋器中，加入糖粉。打蛋器保持中速，将淡奶油打发至湿性发泡。

2 用抹刀将鲜奶油抹在蛋糕面上，厚度尽量平均。

3 在抹平的鲜奶油表面撒上蜜红豆。

紫薯奶油霜

配　方

淡奶油：100克

糖粉：20克

紫薯泥：250克

制作过程

1 将淡奶油放入打蛋器中，加入糖粉。

2 打蛋器保持中速，将淡奶油打发至湿性发泡，再加入蒸熟去皮的紫薯混合搅打均匀。

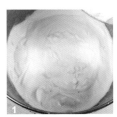 

黄桃奶油馅

配　方

淡奶油：100克

糖粉：10克

黄桃：适量

制作过程

1　将淡奶油放入打蛋器中，加入糖粉。

2　打蛋器保持中速，将淡奶油打发至湿性发泡。

3　用抹刀将奶油馅抹在蛋糕面上，厚度尽量平均。

4　在奶油馅表面摆放上黄桃。

 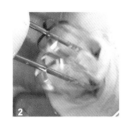 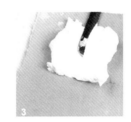 

酸奶奶油馅

配　方

淡奶油：100克

原味发酵酸奶：100克

糖粉：10克

制作过程

1　将未打发的淡奶油与原味发酵酸奶放入一起拌匀。

2　放入打蛋器中，加入糖粉。

3　打蛋器保持中速，将淡奶油打发至中性发泡。

操作要点

· **烤箱一定要预热**

任何烘焙产品，让烤箱先预热是必要的准备工作，尤其是蛋糕体的制作时间很短，烤箱先预热可避免面糊久等而消泡，因此，烤箱必须在蛋糕面糊制作完成前已经达到理想的烘烤温度，面糊才会达到平均受热的效果。

· **图案完成后要先定型**

图案完成后，为了避免消泡，画完后要立即进行烘烤。放入170℃的烤箱中，根据图案面积的大小决定烘烤时间，一般以20~30秒为宜。

如果尚未完全干燥，以每次加烤20~30秒为宜。先烤好的图案如果没有定型，面糊倒在图案表面的时候，图案容易走样变形。

· **烘烤完成后需立即揭开蛋糕纸或高温布**

蛋糕烘烤完成离开烤箱后，在烘烤完成的蛋糕体表面盖上一张烤盘纸，连同烤盘倒在网架上冷却，将表面的蛋糕纸或高温布慢慢揭开，再盖回蛋糕体表面，待其慢慢散热。蛋糕纸或高温布揭开后，如果没有盖回去的话，表面会干掉，这也是卷蛋糕体时容易出现干裂的原因。一般情况下，在室温下放置15分钟左右，待其冷却到摸起来无温热的程度，卷的步骤就可以开始了。

· **卷蛋糕体**

冷却的蛋糕体在卷之前，要将边缘切整齐，切边的目的是为了使开始处和结尾处都能卷得更漂亮。在蛋糕体表面涂抹夹心的奶油霜时，前端3厘米左右可以不涂抹，接着可以摆放上切好的水果。在卷蛋糕卷的时候，用拇指和食指抓着蛋糕纸的一头拿起并紧密地卷起。握紧一下再将卷入的纸摊开，将整个蛋糕体卷起。卷好后，将烤盘纸边缘两侧扭紧后放入冰箱冷藏一小时以上，冷藏一晚效果更佳。

实战篇

Hello Kitty

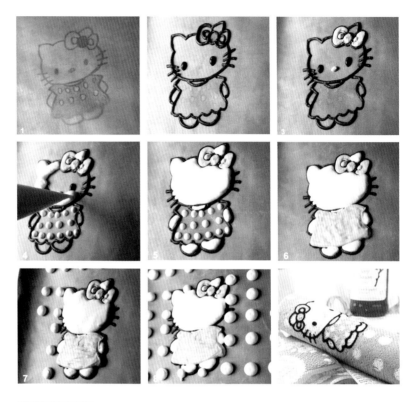

制作过程

1   将Hello Kitty的手绘稿放在烤盘上，表面放上一张高温布。

2   用竹炭粉调理出的黑色面糊，挤出Hello Kitty的外形轮廓。

3   调出粉色面糊，挤出鼻子和蝴蝶结。

4   用白色面糊挤出裙子上的白点和脸部。

5   再挤出手和脚的部分。

6   再将粉色面糊慢慢地在不破坏白点的情况下挤入裙子中。

7   在Hello Kitty的周围挤出白色的圆点。

8   将完成的图案送入烤箱中烘烤30秒~1分钟至表面定型。

9   再将所有面糊倒入烘烤好的图案表面，用刮板将面糊均匀地抹平，送入170℃的烤箱中烘烤14分钟左右，至表面金黄色，触感有弹性即可。将烤好的蛋糕体表面盖上一张烤盘纸，连同烤盘一起倒扣在网架上冷却，将表面的高温布撕下，再立即盖回蛋糕体上，待其散热冷却后整形。

豹纹

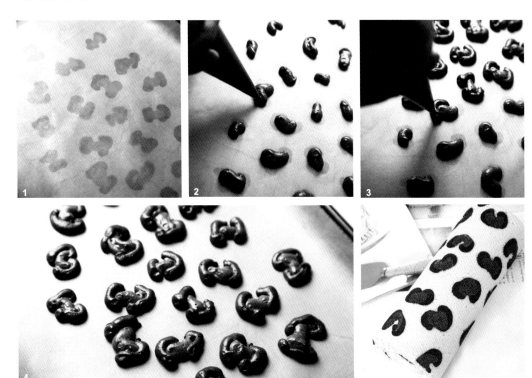

制作过程

1　将豹纹的手绘稿放在烤盘中，表面放上一张高温布。

2　将面糊调成棕色，在高温布中间挤出不规则纹路。

3　将竹炭粉与面糊调匀成黑色面糊，在棕色纹路边缘挤出不规则的纹路。

4　纹路完成后，送入烤箱中烘烤30秒左右至表面定型。

5　再将所有面糊倒入烘烤好的图案表面，用刮板将面糊均匀地抹平，送入170℃的烤箱中烘烤14分钟左右，至表面金黄色，触感有弹性即可。将烤好的蛋糕体表面盖上一张烤盘纸，连同烤盘一起倒扣在网架上冷却，将表面的高温布撕下，再立即盖回蛋糕体上，待其散热冷却后整形。

彩色心

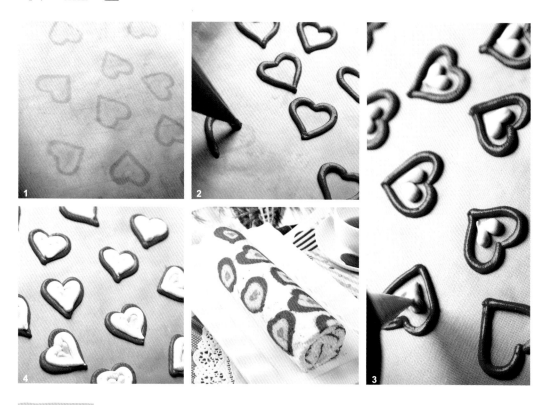

制作过程

1. 将彩色心形的手绘稿放在烤盘中，表面放上一张高温布。

2. 将面糊调成红色，沿着心形的外形挤出轮廓。

3. 再用蓝色面糊在中心挤出小的心形图案。

4. 在红色和蓝色心形图案中间挤出黄色的面糊，完成后送入烤箱中烘烤30秒~1分钟，至表面略微定型。

5. 再将所有面糊倒入烘烤好的图案表面，用刮板将面糊均匀地抹平，送入170℃的烤箱中烘烤14分钟左右，至表面金黄色，触感有弹性即可。将烤好的蛋糕体表面盖上一张烤盘纸，连同烤盘一起倒扣在网架上冷却，将表面的高温布撕下，再立即盖回蛋糕体上，待其散热冷却后整形。

彩色圆点

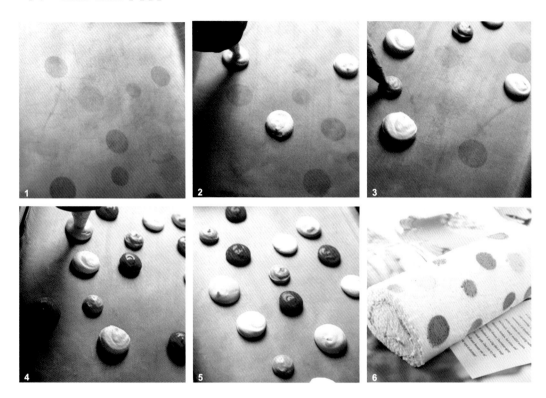

制作过程

1. 将彩色圆点的手绘稿放在烤盘中，表面放上一张高温布。

2. 先将面糊调出黄色，在高温布表面沿着设计稿图案挤出黄色圆球。

3. 再调出橙色面糊，在高温布表面挤出橙色圆球。

4. 用相同的手法调出红色和蓝色面糊挤出红色和蓝色圆球。

5. 将完成的图案送入烤箱中，烘烤30秒左右至表面略微定型。

6. 再将所有面糊倒入烘烤好的图案表面，用刮板将面糊均匀地抹平，送入170℃的烤箱中烘烤14分钟左右，至表面金黄色，触感有弹性即可。将烤好的蛋糕体表面盖上一张烤盘纸，连同烤盘一起倒扣在网架上冷却，将表面的高温布撕下，再立即盖回蛋糕体上，待其散热冷却后整形。

米奇和米妮

制作过程

1　将抽象米奇的手绘稿放入烤盘中，表面覆盖上一张高温布。

2　将竹炭粉与面糊混合拌匀后，沿着图案形状挤出外形轮廓。

3　调出黄色面糊，挤出眼睛。

4　再调出红色面糊，挤出脸部和蝴蝶结。

5　用黄色面糊和橙色面糊装饰。

6　再将所有面糊倒入烘烤好的图案表面，用刮板将面糊均匀地抹平。

7　送入170℃的烤箱中烘烤14分钟左右，至表面金黄色，触感有弹性即可。将烤好的蛋糕体表面盖上一张烤盘纸，连同烤盘一起倒扣在网架上冷却，将表面的高温布撕下，再立即盖回蛋糕体上，待其散热冷却后整形。

抽象心

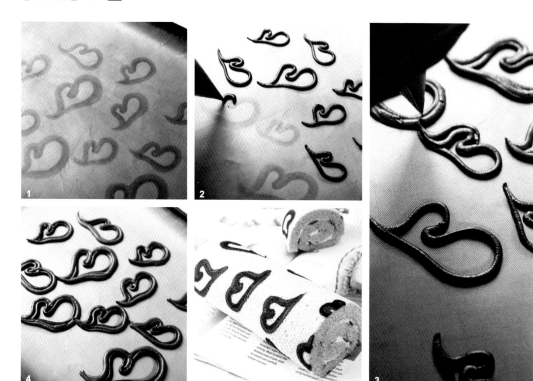

制作过程

1. 将抽象心的图案画在蛋糕纸表面，放在烤盘中，表面覆盖上一张高温布。

2. 用竹炭粉调出的黑色面糊，挤出抽象心形的图案。

3. 再将面糊调出棕色，在黑色线条外边缘挤出相同形状的纹路。

4. 将完成的图案送入烤箱中烘烤30秒左右至表面略微定型。

5. 再将所有面糊倒入烘烤好的图案表面，用刮板将面糊均匀地抹平，送入170℃的烤箱中烘烤14分钟左右，至表面金黄色，触感有弹性即可。将烤好的蛋糕体表面盖上一张烤盘纸，连同烤盘一起倒扣在网架上冷却，将表面的高温布撕下，再立即盖回蛋糕体上，待其散热冷却后整形。

村长爷爷

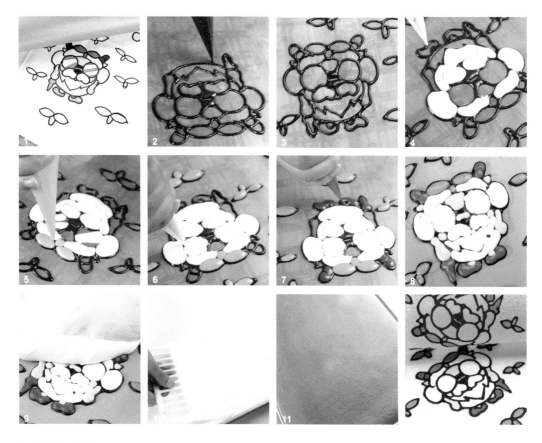

制作过程

1. 在白纸上画出大小适宜的村长爷爷图案，放在烤盘底部，表面放上高温布。

2. 用竹炭色面糊勾勒出村长的外形。

3. 再勾勒出周围的小草。

4. 将白色面糊装入裱花袋中，挤入白色区域。

5. 再将调好的绿色面糊填入头顶和周围的小草中。

6. 将淡蓝色面糊挤入眼镜中。

7. 用棕色面糊挤出羊角、鞋子和拐杖。

8. 最后再将肉色部分填上，送入170℃的烤箱中烘烤30秒~1分钟。

9. 再将所有面糊倒入烘烤好的图案表面。

10. 用刮板将面糊均匀地抹平。

11. 送入170℃的烤箱中烘烤14分钟左右，至表面金黄色，触感有弹性即可。

12. 将烤好的蛋糕体表面盖上一张烤盘纸，连同烤盘一起倒扣在网架上冷却，将表面的高温布撕下，再立即盖回蛋糕体上，待其散热冷却后整形。

鳄鱼

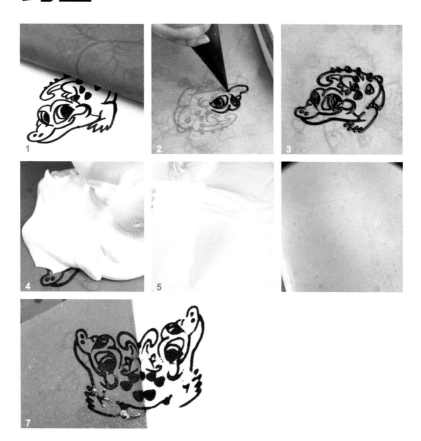

制作过程

1 　将鳄鱼的手绘稿放在烤盘中，表面覆盖上一张高温布。

2 　用竹炭粉调出黑色面糊，在高温布上挤出鳄鱼的造型。

3 　图案描绘完成后送入170℃的烤箱中烘烤30秒左右。

4 　将打好的面糊加入绿色色香油混合调匀，倒入图案表面。

5 　用刮板尽量将面糊抹平整。

6 　送入烤箱中烘烤12~14分钟至表面上色，触感有弹性。

7 　离开烤箱后，在表面覆盖上一张蛋糕纸，倒扣在网架上，慢慢
　　揭开表面的高温布，待其散热后整形。

方格

制作过程

1　将方格的手绘稿放入烤盘中，表面覆盖上一张高温布。

2　用竹炭粉调出的黑色面糊，先挤出平行的线条。

3　再用同样的手法挤出交错的线条。

4　在线条中间交错间隔开，挤满方形纹路。

5　纹路完成后送入烤箱中烘烤30秒~1分钟至表面略微定型。

6　再将所有面糊倒入烘烤好的图案表面，用刮板将面糊均匀地抹平，送入170℃的烤箱中烘烤14分钟左右，至表面金黄色，触感有弹性即可。将烤好的蛋糕体表面盖上一张烤盘纸，连同烤盘一起倒扣在网架上冷却，将表面的高温布撕下，再立即盖回蛋糕体上，待其散热冷却后整形。

暖羊羊

制作过程

1　将暖羊羊的图案画在白纸上，放入烤盘中，表面放上一张高温布。

2　用竹炭色面糊挤出暖羊羊的外形轮廓。

3　再在周边挤出心形图案。

4　用白色面糊填满暖羊羊的头部和身体部分。

5　调出粉红色面糊，挤入蝴蝶结和周边心形中。

6　脸部和手脚部分填上肉色面糊，送入170℃烤箱中烘烤30秒~1分钟。

7　剩余的面糊倒入烤好的暖羊羊图案表面，用刮板均匀地抹平。

8　送入170℃的烤箱中烘烤14分钟左右，至表面金黄色，拥有弹性手感即可。

9　离开烤箱后在表面覆盖一层蛋糕纸，倒扣在网架上，将表面高温布揭开，再立即盖在蛋糕体表面，待其慢慢散热后整形。

粉白六瓣花

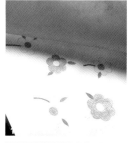

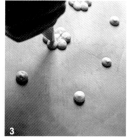
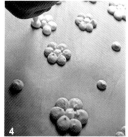

制作过程

1. 将粉白六瓣花的手绘稿放入烤盘中，表面覆盖上一张高温布。

2. 用白色面糊挤出粉色小花的小圆点花心，再用粉色面糊挤出圆点作为白色小花的花心。

3. 用粉色面糊在白色圆点的周围挤出6个小圆点组合成六瓣小花。

4. 用相同的手法完成白色的小花。

5. 让大小不一的小花交错排列。

6. 在小花的边缘加上绿色的叶子和枝干，送入烤箱中烘烤30秒~1分钟至表面定型。

7. 再将所有面糊倒入烘烤好的图案表面，用刮板将面糊均匀地抹平。

8. 送入170℃的烤箱中烘烤14分钟左右，至表面金黄色，触感有弹性即可。将烤好的蛋糕体表面盖上一张烤盘纸，连同烤盘一起倒扣在网架上冷却，将表面的高温布撕下，再立即盖回蛋糕体上，待其散热冷却后整形。

粉白四瓣花

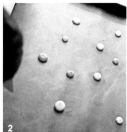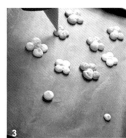

制作过程

1. 将粉白四瓣花的手绘稿放在烤盘中，表面放上一张高温布。

2. 用白色面糊和粉色面糊在高温布表面挤上小圆点作为花心。

3. 用白色面糊在粉色花心周边挤出四个小圆球形成四瓣花，再用粉色面糊在白色的花心周边挤出四个圆球形成粉色的小花。

4. 调出绿色面糊，在每朵小花底部挤出绿色的枝叶。送入烤箱中烘烤30秒左右至

表面略微定型。

5. 再将所有面糊倒入烘烤好的图案表面，用刮板将面糊均匀地抹平。

6. 送入170℃的烤箱中烘烤14分钟左右，至表面金黄色，触感有弹性即可。将烤好的蛋糕体表面盖上一张烤盘纸，连同烤盘一起倒扣在网架上冷却，将表面的高温布撕下，再立即盖回蛋糕体上，待其散热冷却后整形。

果实

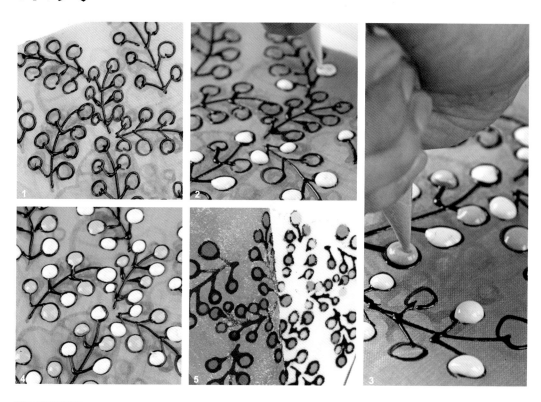

制作过程

1. 用竹炭粉调出黑色面糊，在高温布上挤出一串一串的果实图案轮廓。

2. 用柠檬黄色面糊在果实中间间隔开挤上圆点。

3. 用相同的方法调出橙色面糊，挤入剩余的圆圈中。

4. 将完成的图案送入170℃的烤箱中烘烤30秒左右至图案表面不流动。

5. 将剩余的面糊倒入图案表面，烘烤完成后，在表面覆盖上一张蛋糕纸，倒扣在网架上，慢慢揭开表面的高温布，再盖回表面待其慢慢散热后整形。

黑色枝叶

制作过程

1　将黑色枝叶的手绘稿放在烤盘中，表面放上一张高温布。

2　用竹炭粉与面糊调匀成黑色面糊，沿着图案挤出外形轮廓。

3　在每片叶子中间挤出不规则半弧形叶茎，完成后送入烤箱中烘烤10秒左右至表面略微定型。

4　再将所有面糊倒入烘烤好的图案表面，用刮板将面糊均匀地抹平，送入170℃的烤箱中烘烤14分钟左右，至表面金黄色，触感有弹性即可。将烤好的蛋糕体表面盖上一张烤盘纸，连同烤盘一起倒扣在网架上冷却，将表面的高温布撕下，再立即盖回蛋糕体上，待其散热冷却后整形。

红粉五瓣花

制作过程

1 将红粉小花的手绘稿放在烤盘中，表面放上一张高温布。

2 用白色面糊在高温布表面挤上小圆点作为花心。

3 调出红色面糊在花心周边挤出五个小圆球形成五瓣花。

4 用相同的手法调出粉色面糊，完成粉色的五瓣花。

5 调出绿色面糊，在每朵小花底部挤出绿色枝叶。

6 再将所有面糊倒入烘烤好的图案表面，用刮板将面糊均匀地抹平。

7 送入170℃的烤箱中烘烤14分钟左右，至表面金黄色，触感有弹性即可。将烤好的蛋糕体表面盖上一张烤盘纸，连同烤盘一起倒扣在网架上冷却，将表面的高温布撕下，再立即盖回蛋糕体上，待其散热冷却后整形。

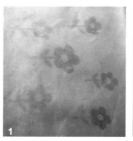

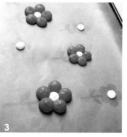
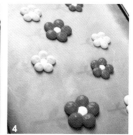

红太狼

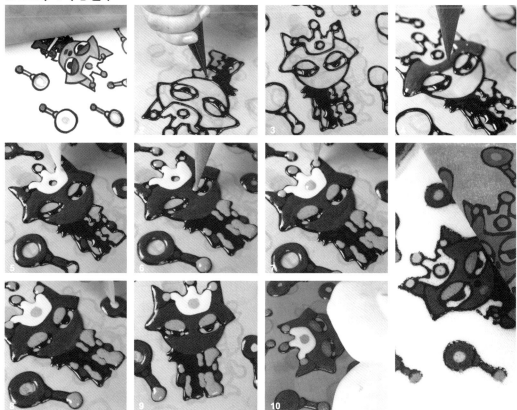

制作过程

1. 将红太狼的手绘稿放入烤盘中，表面放上一张高温布。

2. 用竹炭粉调出黑色面糊，挤出红太狼的外形轮廓。

3. 在红太狼的周围挤出平底锅的外形。

4. 同样用竹炭粉调出灰色面糊，完成脸部和平底锅的轮廓部分。

5. 用黄色色香油调出黄色面糊，挤出头顶的皇冠。

6. 用红色色香油调出面糊挤出身体和眼睛部分，在平底锅的底部圆圈中挤上红色面糊。

7. 在皇冠的中心和边角挤入橙色面糊。

8. 再调出蓝色面糊挤入平底锅的中心。

9. 颜色完全完成后，送入170℃的烤箱中烘烤30秒~1分钟。

10. 将剩余的面糊倒入完成的图案表面，用刮板完全抹平，送入上火170℃、下火130℃的烤箱中烘烤12~14分钟，烘烤至表面金黄色，触感有弹性。

11. 烘烤完成的蛋糕离开烤箱后，在其表面覆盖上一张蛋糕纸，倒扣在网架上，揭开表面的高温布，再将高温布盖回表面，待其慢慢散热后整形。

蝴蝶结

制作过程

1　将画有蝴蝶结的手绘稿放入烤盘中，表面覆盖上一张高温布。

2　用竹炭粉调出的黑色面糊挤出蝴蝶结的外形。

3　用白色面糊在蝴蝶结中间挤出白点。

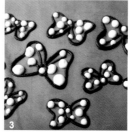

4　用大红色面糊将蝴蝶结中间慢慢填满。

5　最后将完成的图案送入烤箱中烘烤30秒~1分钟至表面定型。

6　再将所有面糊倒入烘烤好的图案表面，用刮板将面糊均匀地抹平。

7　送入170℃的烤箱中烘烤14分钟左右，至表面金黄色，触感有弹性即可。将烤好的蛋糕体表面盖上一张烤盘纸，连同烤盘一起倒扣在网架上冷却，将表面的高温布撕下，再立即盖回蛋糕体上，待其散热冷却后整形。

灰太狼

制作过程

1. 在蛋糕纸上手绘出灰太狼的手绘稿，放在烤盘中，表面放上一张高温布。

2. 用竹炭粉和面糊混合调匀的黑色面糊挤出灰太狼的外形轮廓。

3. 在灰太狼的周边挤出补丁部分。

4. 同样还是用竹炭粉调出灰色面糊挤出灰太狼的身体部分。

5. 用柠檬黄色色香油调出黄色面糊，挤入灰太狼头顶部的补丁中。

6. 再用橙色色香油调出橙色面糊，挤入头部补丁的下半部分。

7. 将完成的图案送入170℃左右的烤箱中烘烤30秒~1分钟。

8. 剩余的面糊倒入灰太狼的图案表面，用刮板抹平，送入上火170℃、下火130℃的烤箱中烘烤12~14分钟，烘烤至表面金黄色，触感有弹性即可。

9. 烘烤完成的蛋糕离开烤箱后在其表面覆盖上一层蛋糕纸，倒扣在网架上，慢慢地揭开表面的高温布，再盖回表面，待其慢慢散热后整形。

脚丫

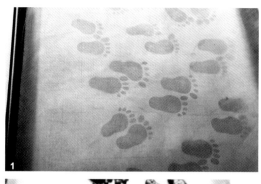

制作过程

1 将脚丫的手绘稿放在烤盘中，表面放一张高温布。

2 将竹炭粉与面糊混合拌匀，调匀成黑色面糊，在高温布表面不规则地挤上一对对的脚掌。

3 在脚掌上方挤出小脚趾，完成后送入烤箱中，烘烤30秒左右至表面略微定型。

4 再将所有面糊倒入烘烤好的图案表面，用刮板将面糊均匀地抹平，送入170℃的烤箱中烘烤14分钟左右，至表面金黄色，触感有弹性即可。将烤好的蛋糕体表面盖上一张烤盘纸，连同烤盘一起倒扣在网架上冷却，将蛋糕表面的高温布撕下，再立即盖回蛋糕体上，待其散热冷却后整形。

可爱女孩

制作过程

1 将可爱美女的手绘稿放入烤盘中，表面覆盖上一张高温布。

2 用竹炭粉调出的黑色面糊挤出图案的外形轮廓。

3 调出红色和黄色面糊，分别挤入衣服和裤子中，黄色面糊再挤出头部的发卡部分。

4 调出棕色面糊挤出头发部分。

5 调出粉色面糊挤入蝴蝶结中，将白色面糊挤入脸部和手部。

6 在可爱美女周围挤出白色圆点。

7 将完成的图案送入烤箱中烘烤30秒~1分钟至表面定型。

8 再将所有面糊倒入烘烤好的图案表面，用刮板将面糊均匀地抹平，送入170℃的烤箱中烘烤14分钟左右，至表面金黄色，触感有弹性即可。将烤好的蛋糕体表面盖上一张烤盘纸，连同烤盘一起倒扣在网架上冷却，将表面的高温布撕下，再立即盖回蛋糕体上，待其散热冷却后整形。

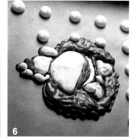

长颈鹿

制作过程

1　将长颈鹿的图案画在白纸上，放入烤盘中，表面放上一张高温布。

2　用竹炭色面糊挤出可爱长颈鹿的外形轮廓。

3　在耳朵中挤上一条肉色面糊。

4　用粉红色面糊将耳朵的剩余部分填满。

5　再用粉红色面糊挤入嘴巴中。

6　身体部分用咖啡色面糊填满。

7　在可爱长颈鹿的周围，用白色面糊挤上小圆点。

8　图案完成后送入170℃烤箱中烘烤30秒~1分钟。

9　将剩余的面糊加入蓝色和紫色色香油拌匀，倒入烤好的可爱长颈鹿图案表面，用刮板均匀地抹平。送入170℃的烤箱中烘烤14分钟左右，烘烤至表面金黄色，拥有弹性手感即可。蛋糕离开烤箱后在其表面覆盖一层蛋糕纸，倒扣在网架上，将表面高温布揭开，再立即盖回蛋糕体表面，待其慢慢散热后整形。

小熊

制作过程

1 将可爱小熊的图案画在白纸上，放入烤盘中，表面放上一张高温布。

2 用竹炭色面糊挤出可爱小熊的外形轮廓。

3 再在顶部用粉色面糊挤出一朵小花图案。

4 用咖啡色面糊填满可爱小熊的头部和身体部分。

5 调出粉红色面糊挤入鼻子和嘴巴中。

6 在可爱小熊周围用白色面糊挤出均匀的圆点。

7 送入170℃烤箱中烘烤30秒~1分钟。

8 向剩余的面糊中倒入蓝色和紫色色香油混合拌匀，倒入烤好的可爱小熊图案表面，用刮板均匀地抹平。送入170℃的烤箱中烘烤14分钟左右，至表面金黄色，拥有弹性手感即可。离开烤箱后在表面覆盖一层蛋糕纸，倒扣在网架上，将表面的高温布揭开，再立即盖回蛋糕体表面，待其慢慢散热后整形。

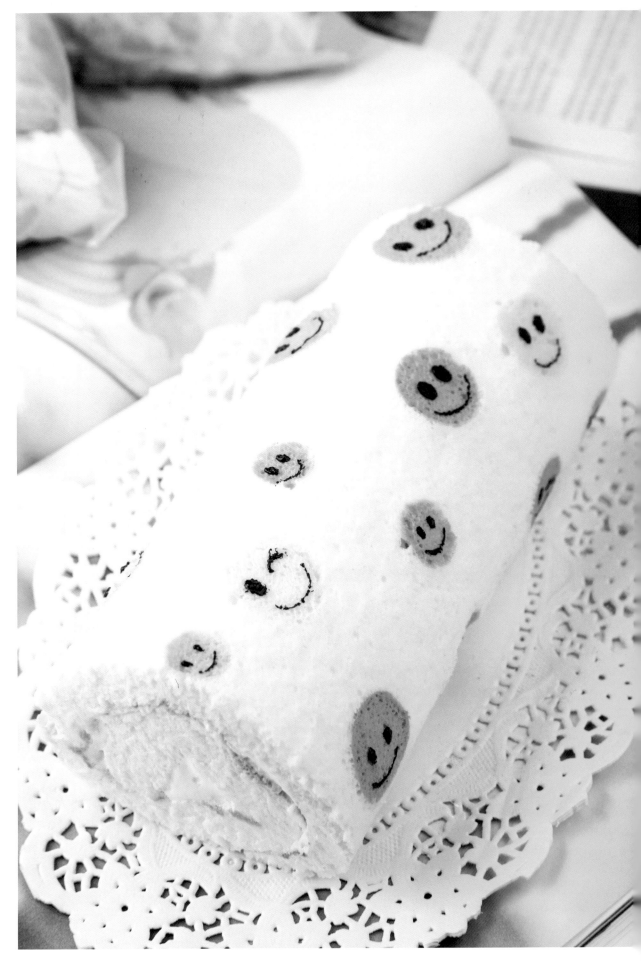

笑脸

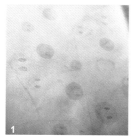 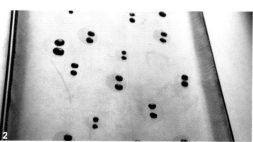 

 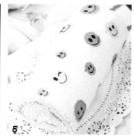

制作过程

1　将可爱笑脸的手绘稿放在烤盘中，表面放上一张高温布。

2　先用竹炭粉和面糊调匀成黑色面糊，在笑脸图案表面挤出眼睛部分。

3　调出橙色和黄色面糊，在不破坏眼睛的前提下沿着手绘稿中的色彩相应地挤出圆圈。

4　最后再调出红色和蓝色面糊用相同的手法挤出圆圈，完成后送入烤箱中烘烤30

秒左右，使表面定型。

5　再将所有面糊倒入烘烤好的图案表面，用刮板将面糊均匀地抹平。送入170℃的烤箱中烘烤14分钟左右，至表面金黄色，触感有弹性即可。将烤好的蛋糕体表面盖上一张烤盘纸，连同烤盘一起倒扣在网架上冷却，将表面的高温布撕下，再立即盖回蛋糕体上，待其散热冷却后整形。

熊猫

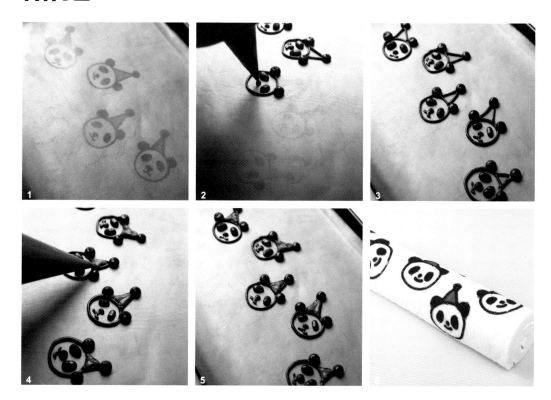

制作过程

1　将可爱熊猫的手绘稿放入烤盘中，表面放上一张高温布。

2　将竹炭粉与面糊混合搅拌均匀调成黑色面糊，勾勒出可爱熊猫的外形轮廓。

3　可爱熊猫的外形轮廓完成后，调出红色面糊。

4　将红色面糊挤入可爱熊猫的帽子中。

5　图案完成后，送入烤箱中烘烤30秒左右至表面定型。

6　再将所有面糊倒入烘烤好的图案表面，用刮板将面糊均匀地抹平。送入170℃的烤箱中烘烤14分钟左右，至表面金黄色，触感有弹性即可。将烤好的蛋糕体表面盖上一张烤盘纸，连同烤盘一起倒扣在网架上冷却，将表面的高温布撕下，再立即盖回蛋糕体上，待其散热冷却后整形。

蓝天白云

制作过程

1　将蓝天白云的手绘稿放入烤盘中，表面放上一张高温布。

2　用白色的蛋糕面糊沿着图案的轮廓挤出白云。

3　白云完成后，送入烤箱中烘烤30秒~1分钟至表面定型。

4　在烘烤好的白云表面倒入蓝色的蛋糕面糊抹平，送入上火170℃、下火130℃的烤箱中烘烤12~15分钟至表面金黄，触感有弹性即可。

5　再将所有面糊倒入烘烤好的图案表面，用刮板将面糊均匀地抹平。送入170℃的烤箱中烘烤14分钟左右，至表面金黄色，触感有弹性即可。将烤好的蛋糕体表面盖上一张烤盘纸，连同烤盘一起倒扣在网架上冷却，将表面的高温布撕下，再立即盖回蛋糕体上，待其散热冷却后整形。

懒羊羊

制作过程

1 将面糊装入裱花袋中，将懒羊羊的手绘稿放入烤盘中，表面覆盖上一张高温布。

2 用竹炭色面糊挤出懒羊羊的外形轮廓。

3 再在周边挤出圆形图案。

4 用一勺原色面糊与一勺打发好的蛋白混合拌匀。

5 将白色面糊装入裱花袋中，挤入懒羊羊的头发和身体中。

6 在棕色面糊中放入一勺打发好的蛋白拌匀。

7 将棕色面糊挤入鞋子和羊角中。

8 用相同的方法调出蓝色面糊。

9 将蓝色面糊挤入懒羊羊周围的圆圈中。

10 最后用剩余的白色面糊调出肉色，挤入脸部和手部。将整个图案完成后，送入170℃的烤箱中先烘烤30秒，为了避免起泡，画完图案后就要马上烘烤。

11 将A部分中的蛋黄加入面糊中混合拌匀。

12 将打发好的蛋白放入1/3至面糊中混合搅拌至没有蛋白霜块，成为质地光滑的面糊为止。

13 再将做法12的面糊倒入剩余的蛋白中充分搅拌均匀。当蛋糕需要不同的色彩时可以加入适量的色素混合拌匀。

14 将蛋糕面糊倒入烘烤完成的图案上。

15 用刮板将面糊完全抹平，轻敲烤盘2~3次，将空气排出。

16 用烤箱以上火170℃、下火130℃烘烤12~15分钟，将竹签插入蛋糕体中，拿出后如果没有粘面糊，烘烤即完成。

17 蛋糕离开烤箱后在其表面覆盖一层蛋糕纸，倒扣在网架上；将表面高温布揭开，再立即盖回蛋糕体表面，待其慢慢散热后整形。

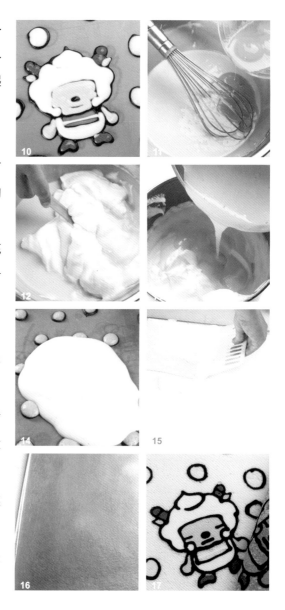

淘大

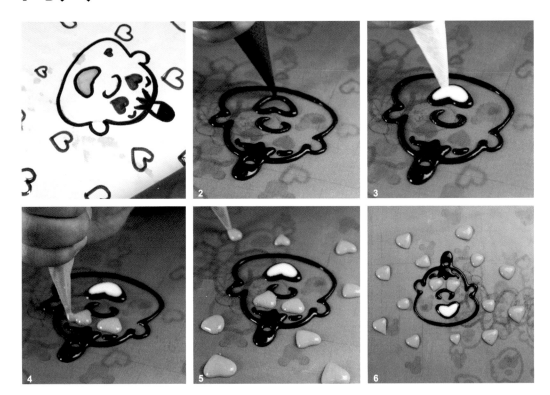

制作过程一

1　将淘大的手绘稿放在烤盘中，表面覆盖
　　上一张高温布。

2　用竹炭粉调出的面糊勾勒出淘大的
　　轮廓。

3　用白色面糊挤出嘴巴。

4　调出红色面糊挤出眼睛。

5　在淘大的周围挤出红色心形图案。

6　在脸部挤满橙黄色面糊，送入170℃的
　　烤箱中，烘烤30秒~1分钟。将剩余的面
　　糊倒入烘烤好的图案表面，完全抹平后
　　送入烤箱中烘烤12~14分钟，至表面金
　　黄色，触感有弹性即可。

制作过程二

1　将画好的淘大手绘稿放入烤盘中，表面放上一张高温布。

2　用竹炭粉调好的面糊挤出外形轮廓。

3　在周围挤上粉红色的圆点，嘴巴中挤上肉色面糊。

4　在脸部挤上橙黄色面糊，送入烤箱中烘烤30秒~1分钟。在表面放上剩余的面糊后抹平，送入烤箱中以170℃的温度烘烤12~14分钟，至表面金黄色，触感有弹性即可。

艺廊：和而不同新生活
Lifestore, The Harmony of Old-Meets-New

ella

新设计、新组合，钜艺廊的"新"是对传统的设计与现代背景下的再诠释，它是一群热爱的设计师为人士，致力于跨越中西文化的种类的努力与尝试，旨在展示生活的全新开阔的钜艺廊新天地历以线色为主调，以中国的传统天地历以线生现代又中国的的神风气象。除了曾实现绘彩套系列，更汇聚了众多华人优秀家居商品和当代艺术家的雕塑、版画系列经典、立新意、和不同，钜艺廊活、新打扮天地的钜艺廊

New materials, new styles, and new combination, Lifestore's concept of "new" is to redefine traditional culture. The newly launched ZEN a modern background. It's the beauty of life, transcending boundaries between traditional Chinese and Western culture. The newly launched ZEN Xintiandi, with its pure blue-and-white china inspiration from traditional Chinese aesthetics, radiating a modern, yet Zen charm. Besides the hand-painted porcelain collection, ZEN original furniture from outstanding Chinese

art

菱形格子

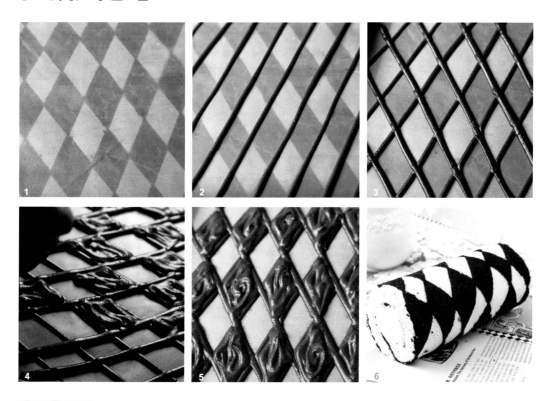

制作过程

1. 将菱形格子纹路的手绘稿放入烤盘中，表面覆盖上一张高温布。

2. 用竹炭粉调出的黑色面糊，先挤出平行的线条。

3. 再用同样的手法挤出交错的线条。

4. 在线条中间交错间隔开挤满菱形纹路。

5. 纹路完成后送入烤箱中烘烤30秒~1分钟至表面略微定型。

6. 再将所有面糊倒入烘烤好的图案表面，用刮板将面糊均匀地抹平。送入170℃的烤箱中烘烤14分钟左右，至表面金黄色，触感有弹性即可。将烤好的蛋糕体表面盖上一张烤盘纸，连同烤盘一起倒扣在网架上冷却；将表面的高温布撕下，再立即盖回蛋糕体上，待其散热冷却后整形。

绿叶

制作过程

1　将绿叶的手绘稿放在烤盘中，表面放上一张高温布。

2　用绿色面糊沿着图案表面勾勒出外形轮廓。

3　在绿叶中间挤出同方向的线条。

4　线条完成后送入烤箱中烘烤20秒左右至表面略微定型。

5　再将所有面糊倒入烘烤好的图案表面，用刮板将面糊均匀地抹平。

6　送入170℃的烤箱中烘烤14分钟左右，至表面金黄色，触感有弹性即可。在烤好的蛋糕体表面盖上一张烤盘纸，连同烤盘一起倒扣在网架上冷却，将表面的高温布撕下，再立即盖回蛋糕体上，待其散热冷却后整形。

马车

制作过程

1　将画好马车图案的白纸放在烤盘中，表面覆盖上一张高温布。

2　用竹炭粉调好的黑色面糊将马车的轮廓描绘出来。

3　将顶部描绘上线条。

4　再将马车的底部纹路描绘出来。

5　最后挤出马的形体，送入170℃的烤箱中烘烤30秒~1分钟。调好粉色面糊倒入马车表面均匀地抹平，送入上火170℃、下火130℃的烤箱中烘烤至表面金黄色，触感带弹性即可。

美女蛇

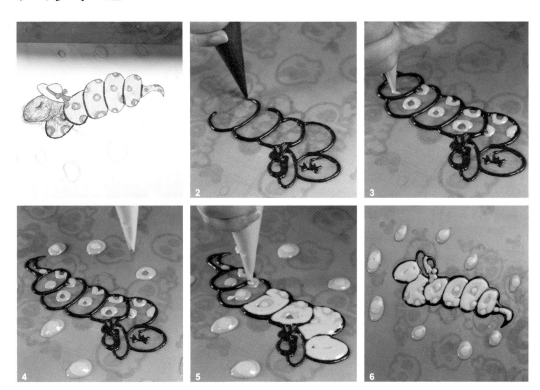

制作过程

1　将美女蛇的手绘稿放入烤盘中，表面放上高温布。

2　用竹炭粉调出黑色面糊，挤出美女蛇的外形轮廓。

3　在身体中间先挤出粉红色圆圈，周围也挤出一些圆圈。

4　在圆圈中挤上绿色面糊。

5　将绿色面糊挤入身体部分。

6　将完成的美女蛇送入烤箱中烘烤30秒~1分钟，放上剩余的面糊抹平，送入烤箱中以170℃烘烤12~14分钟至表面呈金黄色，触感有弹性。

美羊羊

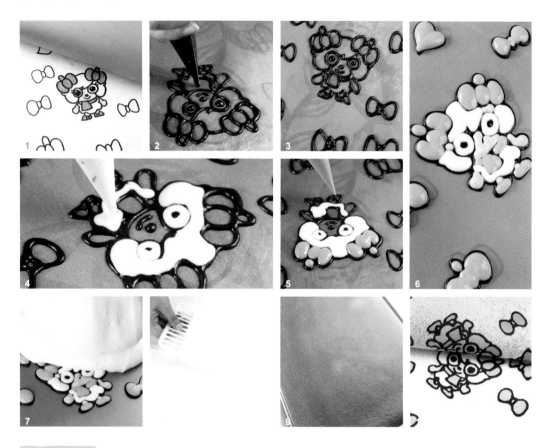

制作过程

1　将美羊羊的图案画在白纸上，放入烤盘中，表面放上一张高温布。

2　用竹炭色面糊挤出美羊羊的外形轮廓。

3　在美羊羊的周边挤出蝴蝶结图案。

4　用白色面糊填满美羊羊的头部和身体。

5　调出粉红色面糊挤入蝴蝶结和围巾、鞋子中。

6　在脸部和手的部分填上肉色面糊，送入170℃烤箱中烘烤30秒~1分钟。

7　将剩余的面糊倒入烤好的美羊羊图案表面。

8　用刮板将面糊均匀地抹平。

9　送入170℃的烤箱中烘烤14分钟左右，至表面金黄色，拥有弹性手感即可。

10　蛋糕离开烤箱后，在其表面覆盖一层蛋糕纸，倒扣在网架上，将表面高温布揭开，再立即盖回蛋糕体表面，待其慢慢散热后整形。

米奇

制作过程

1. 将米奇的手绘稿放入烤盘中，表面覆盖上一张高温布。

2. 用竹炭粉调出黑色面糊，沿着米老鼠的图案挤出外形轮廓。

3. 将白色面糊挤入米老鼠的脸部和手部，在蝴蝶结的中间点缀上白色圆点。

4. 调出红色面糊，挤入蝴蝶结和裤子部分。

5. 最后在鞋子中挤入黄色面糊，送入烤箱中烘烤30秒~1分钟至表面定型。

6. 再将所有面糊倒入烘烤好的图案表面，用刮板将面糊均匀地抹平。

7. 送入170℃的烤箱中烘烤14分钟左右，至表面金黄色，触感有弹性即可。将烤好的蛋糕体表面盖上一张烤盘纸，连同烤盘一起倒扣在网架上冷却，将表面的高温布撕下，再立即盖回蛋糕体上，待其散热冷却后整形。

蘑菇

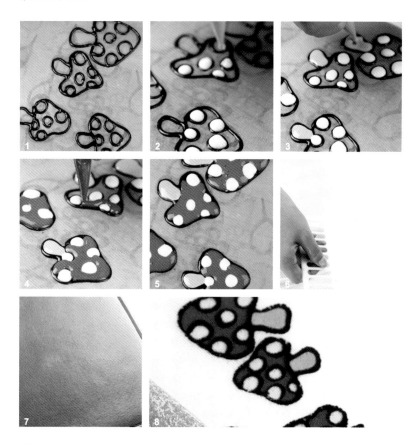

制作过程

1 用竹炭粉调出的黑色面糊，在高温布上挤出蘑菇的图案轮廓。

2 用柠檬黄色面糊在蘑菇中间间隔开挤上圆点。

3 用相同的方法调出橙色面糊，挤入蘑菇根部中。

4 再调出红色面糊，挤入蘑菇中。

5 将完成的图案送入170℃的烤箱中，烘烤30秒左右至图案表面不流动。

6 将剩余的面糊倒入图案表面，用刮板抹平。

7 送入烤箱中烘烤，至表面金黄色，触感有弹性。

8 完成后，在蛋糕表面覆盖上一张蛋糕纸，倒扣在网架上；慢慢揭开表面的高温布，再盖回表面，待其散热冷却后整形。

奶牛花纹

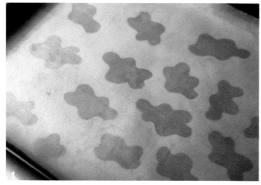

制作过程

1. 将画有奶牛纹路的手绘稿放在烤盘中，表面放上一张高温布。

2. 将竹炭粉与面糊混合拌匀成黑色面糊，沿着图案挤出不规则的奶牛纹路。

3. 纹路完成后，送入烤箱中烘烤30秒~1分钟至表面定型。

4. 再将所有面糊倒入烘烤好的图案表面，用刮板将面糊均匀地抹平。送入170℃的烤箱中烘烤14分钟左右，至表面金黄色，触感有弹性即可。将烤好的蛋糕体表面盖上一张烤盘纸，连同烤盘一起倒扣在网架上冷却，将表面的高温布撕下，再立即盖回蛋糕体上，待其散热冷却后整形。

圣诞老人

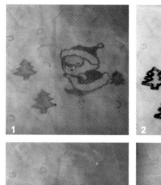

制作过程

1. 将圣诞老人的手绘稿放入烤盘中，表面放上一张高温布。

2. 将竹炭粉与面糊调匀，勾勒出圣诞老人和圣诞树的外形。

3. 调出红色和绿色面糊，分别填入衣服、帽子和圣诞树中。

4. 将白色面糊挤入圣诞老人的胡子和衣服、帽子的边缘。

5. 再调出肉色面糊挤入圣诞老人的脸部。

6. 最后将完成的图案送入烤箱中烘烤30秒~

1分钟至表面定型。

7. 再将所有面糊倒入烘烤好的图案表面，用刮板将面糊均匀地抹平。送入170℃的烤箱中烘烤14分钟左右，至表面金黄色，触感有弹性即可。将烤好的蛋糕体表面盖上一张烤盘纸，连同烤盘一起倒扣在网架上冷却；将表面的高温布撕下，再立即盖回蛋糕体上，待其散热冷却后整形。

圣诞树

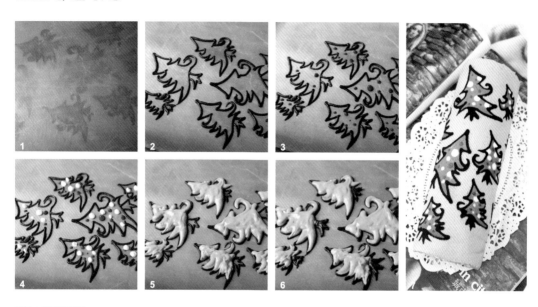

制作过程

1. 将圣诞树的手绘稿放入烤盘中，表面覆盖上一张高温布。

2. 用竹炭粉调出黑色面糊挤出圣诞树的外形轮廓。

3. 调出红色面糊，在圣诞树中间间隔点缀上一些小圆点。

4. 再用白色面糊在圣诞树中间点缀上白色圆点。

5. 调出绿色面糊在不破坏圣诞树中间圆点的情况下慢慢挤入圣诞树中。

6. 最后在树根部分填上棕色面糊，送入烤箱中烘烤30秒~1分钟至表面定型。

7. 再将所有面糊倒入烘烤好的图案表面，用刮板将面糊均匀地抹平，送入170℃的烤箱中烘烤14分钟左右，至表面金黄色，触感有弹性即可。将烤好的蛋糕体表面盖上一张烤盘纸，连同烤盘一起倒扣在网架上冷却；将表面的高温布撕下，再立即盖回蛋糕体上，待其散热冷却后整形。

唐老鸭

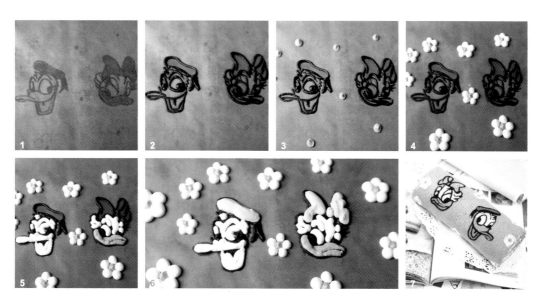

制作过程

1. 将唐老鸭的手绘稿放入烤盘中，表面放上一张高温布。

2. 用竹炭粉与面糊调出的黑色面糊，沿着图案的轮廓挤出唐老鸭的外形。

3. 用橙色面糊在唐老鸭的周边挤出小圆点作为花心。

4. 用白色面糊在橙色花心周围加上五个小花瓣，形成大小不一的五瓣花。

5. 将白色面糊挤入唐老鸭的脸部，并且用橙色和黄色面糊分别挤出嘴部。

6. 调出蓝色和粉色面糊挤出帽子和蝴蝶结部分，送入烤箱中烘烤30秒~1分钟至表面略微定型。

7. 再将所有面糊倒入烘烤好的图案表面，用刮板将面糊均匀地抹平。送入170℃的烤箱中烘烤14分钟左右，至表面金黄色，触感有弹性即可。将烤好的蛋糕体表面盖上一张烤盘纸，连同烤盘一起倒扣在网架上冷却；将表面的高温布撕下，再立即盖回蛋糕体上，待其散热冷却后整形。

万圣节

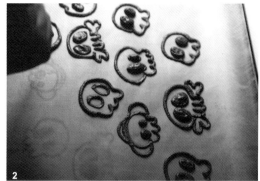

制作过程

1 将万圣节骷髅头的手绘稿放入烤盘中，表面覆盖上一张高温布。

2 用竹炭粉调出的黑色面糊沿着手绘稿的纹路挤出轮廓。

3 纹路完成后送入烤箱中烘烤30秒左右至表面略微定型。

4 再将所有面糊倒入烘烤好的图案表面，

用刮板将面糊均匀地抹平。送入170℃的烤箱中烘烤14分钟左右，至表面金黄色，触感有弹性即可。将烤好的蛋糕体表面盖上一张烤盘纸，连同烤盘一起倒扣在网架上冷却，将表面的高温布撕下，再立即盖回蛋糕体上，待其散热冷却后整形。

西瓜

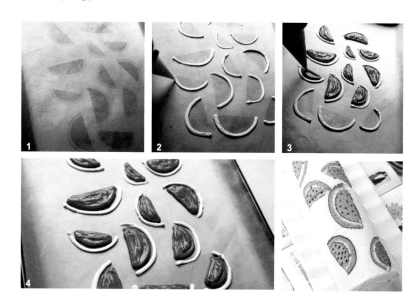

制作过程

1　将西瓜的手绘稿放在烤盘中，表面放上一张高温布。

2　用绿色面糊在西瓜的底部挤出半弧形的西瓜皮部分。

3　再调出红色面糊挤出西瓜的中心部分，与西瓜皮的绿色部分之间要留一道空隙。

4　图案完成后送入烤箱中烘烤30秒左右至表面定型。

5　再将所有面糊倒入烘烤好的图案表面，用刮板将面糊均匀地抹平。送入170℃的烤箱中烘烤14分钟左右，至表面金黄色，触感有弹性即可。将烤好的蛋糕体表面盖上一张烤盘纸，连同烤盘一起倒扣在网架上冷却；将表面的高温布撕下，再立即盖回蛋糕体上，待其散热冷却后整形。

小灰灰

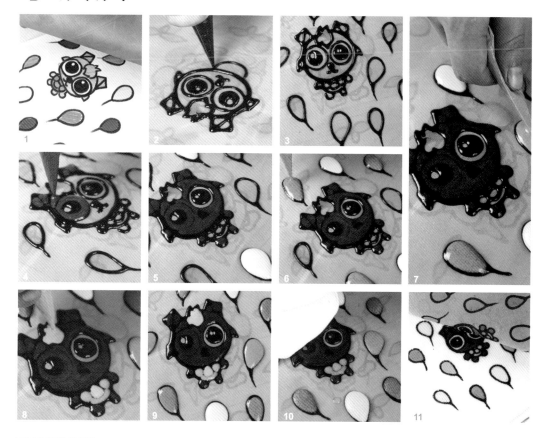

制作过程

1. 在蛋糕纸上手绘出小灰灰的手绘稿，放在烤盘中，表面放上另外一张高温布。

2. 用竹炭粉和面糊混合调匀的黑色面糊挤出小灰灰的外形轮廓。

3. 在小灰灰的周边挤出气球部分。

4. 同样还是用竹炭粉调出的灰色面糊挤出小灰灰的身体部分。

5. 用柠檬黄色色香油调出黄色面糊，挤入一部分的气球中。

6. 再用红色色香油调出红色面糊，挤入另外几个气球中。

7. 用橙色色香油调出橙色面糊挤入剩余的气球中。

8. 再用蓝色色香油调出面糊，挤入小灰灰的衣服和头顶的头发中。

9. 完成的图案送入170℃左右的烤箱中烘烤30秒~1分钟。

10. 将剩余的面糊倒入小灰灰的图案表面，用刮板抹平，送入上火170℃、下火130℃的烤箱中烘烤12~14分钟，至表面金黄色，触感有弹性即可。

11. 烘烤完成的蛋糕离开烤箱后在表面覆盖上一层蛋糕纸倒扣在网架上，慢慢地揭开表面的高温布，再盖回表面待其散热冷却后整形。

爱心熊

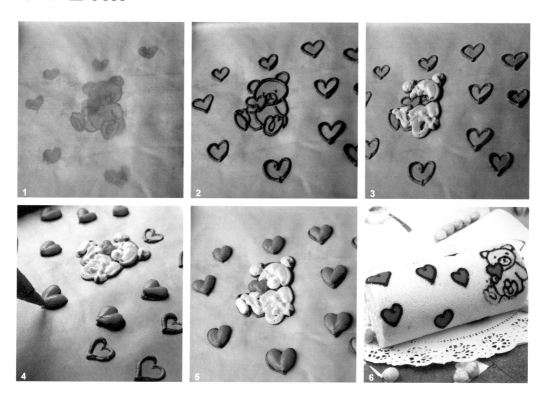

制作过程

1　将小熊图案的手绘稿放入烤盘中，表面覆盖上一张高温布。

2　用竹炭粉调理出黑色面糊，挤出小熊的外形轮廓和心形图案轮廓。

3　调出橙色面糊挤出小熊的身体和脸部。

4　用红色面糊挤入心形图案中，嘴巴和脚底部分用粉色面糊完成。

5　最后送入烤箱中烘烤30秒~1分钟至表面略微定型。

6　再将所有面糊倒入烘烤好的图案表面，用刮板将面糊均匀地抹平。送入170℃的烤箱中烘烤14分钟左右，至表面金黄色，触感有弹性即可。将烤好的蛋糕体表面盖上一张烤盘纸，连同烤盘一起倒扣在网架上冷却；将表面的高温布撕下，再立即盖回蛋糕体上，待其散热冷却后整形。

小猪

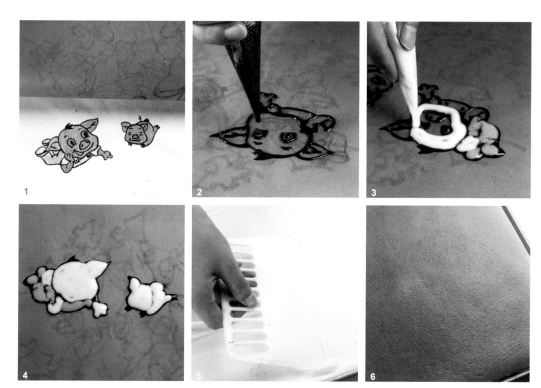

制作过程

1. 将两只小猪的手绘稿放入烤盘中，表面覆盖上一张高温布。

2. 用竹炭粉调好的黑色面糊挤出小猪的外形轮廓。

3. 调出肉色面糊填入小猪脸部和身体中，腿部填上绿色面糊。

4. 送入170℃的烤箱中，烘烤30秒~1分钟。

5. 将剩余的面糊填入烘烤好的图案表面，用刮板抹平，送入170℃的烤箱中烘烤12~14分钟。

6. 烘烤至表面金黄色，触感有弹性。蛋糕离开烤箱后，在其表面覆盖上一张蛋糕纸，倒扣在网架上，将表面高温布慢慢揭开，再趁热盖回表面，待其散热冷却后整形。

旋律

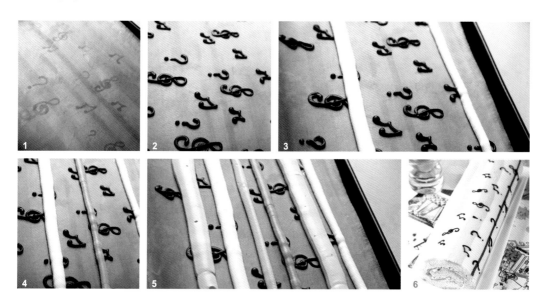

制作过程

1 将彩色音符的手绘稿放入烤盘中，表面放上一张高温布。

2 用竹炭粉与面糊混合拌匀调出黑色面糊，在高温布表面挤出问号、音符等图案。

3 用调好的黄色面糊挤出两根线条。

4 在两个黄色线条中间加上一条橙色面糊挤出的线条。

5 最后调出蓝色面糊挤出三根线条，完成后送入烤箱中烘烤30秒左右至表面定型。

6 再将所有面糊倒入烘烤好的图案表面，用刮板将面糊均匀地抹平。送入170℃的烤箱中烘烤14分钟左右，至表面金黄色，触感有弹性即可。将烤好的蛋糕体表面盖上一张烤盘纸，连同烤盘一起倒扣在网架上冷却，将表面的高温布撕下，再立即盖回蛋糕体上，待其散热冷却后整形。

音符

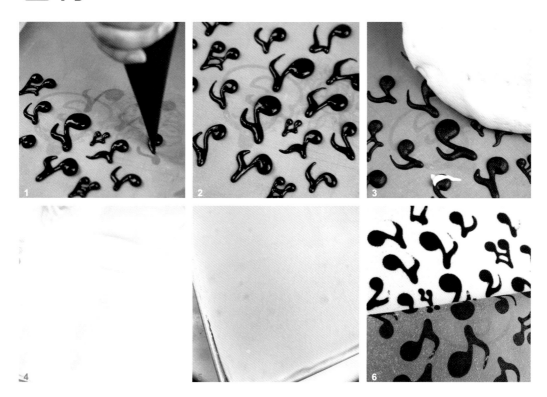

制作过程

1. 用竹炭粉调出黑色面糊，在高温布上挤出音符的造型。

2. 送入170℃的烤箱中烘烤30秒左右。

3. 将打好的面糊加入绿色色香油混合调匀，倒入图案表面。

4. 用刮板将面糊均匀地抹平。

5. 送入烤箱中烘烤12~14分钟至表面上色，触感有弹性。

6. 蛋糕离开烤箱后在其表面覆盖上一张蛋糕纸，倒扣在网架上，慢慢揭开表面的高温布，待其散热冷却后整形。

樱桃

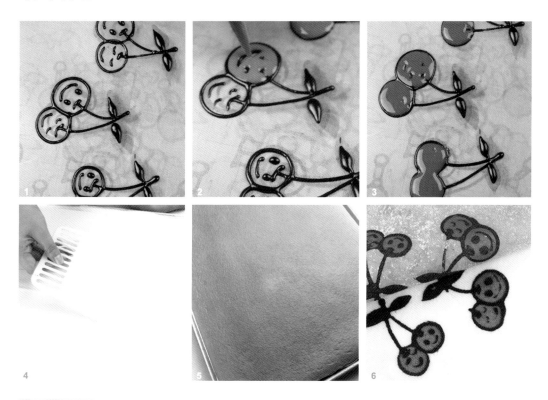

制作过程

1. 用竹炭粉调出的黑色面糊，在高温布上挤出樱桃的图案轮廓。

2. 用红色面糊将樱桃中间挤满。

3. 将完成的图案送入170℃的烤箱中烘烤30秒左右至图案表面不流动。

4. 将剩余的面糊倒入图案表面，用刮板抹平。

5. 送入烤箱中烘烤，烘烤至表面金黄色，触感有弹性。

6. 完成后，在蛋糕表面覆盖上一张蛋糕纸，倒扣在网架上，慢慢揭开表面的高温布，再盖回表面，待其散热冷却后整形。

紫绿圆点

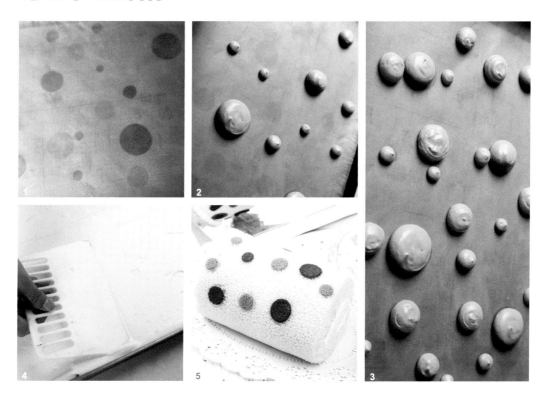

制作过程

1 将紫绿圆点图案的手绘稿放入烤盘中。

2 调出紫色面糊，在高温布表面挤出大小不一的圆点。

3 用绿色色香油调出绿色面糊，在高温布表面不规则地点缀上圆点。送入烤箱中烘烤30秒~1分钟至表面定型。

4 再将所有面糊倒入烘烤好的图案表面，用刮板将面糊均匀地抹平。

5 送入170℃的烤箱中烘烤14分钟左右，至表面金黄色、触感有弹性即可。将烤好的蛋糕体表面盖上一张烤盘纸，连同烤盘一起倒扣在网架上冷却。将表面的高温布撕下，再立即盖回蛋糕体上，待其散热冷却后整形。

棕榈叶

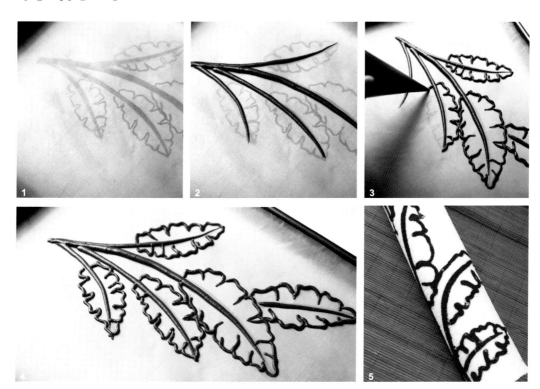

制作过程

1. 在蛋糕纸上手绘上棕榈叶的图案，放在烤盘中，表面放上一张高温布。

2. 将竹炭粉与面糊调匀成黑色面糊，沿着手绘稿中棕榈叶的根茎部分挤出线条。

3. 再沿着棕榈叶片的外形挤出轮廓。

4. 图案完成后送入烤箱中烘烤20秒左右至表面略微定型。

5. 再将所有面糊倒入烘烤好的图案表面。用刮板将面糊均匀地抹平。送入170℃的烤箱中烘烤14分钟左右，至表面金黄色、触感有弹性即可。将烤好的蛋糕体表面盖上一张烤盘纸，连同烤盘一起倒扣在网架上冷却，将表面的高温布撕下，再立即盖回蛋糕体上，待其散热冷却后整形。

太阳花

制作过程

1　将面糊装入裱花袋中，将太阳花的手绘稿放入烤盘中，表面覆盖上一张高温布。用竹炭色面糊挤出太阳花的外形轮廓。

2　在柠檬黄色面糊中放入一勺打发好的蛋白拌匀。

3　将柠檬黄色面糊中挤入太阳花的花瓣中。

4　用相同的方法调出橙色面糊。

5　将橙色面糊挤入太阳花的中心脸部中。

6　整个图案完成，送入170℃的烤箱中先烘烤30秒，为了避免起泡，画完图案后就要马上烘烤。

7　将A部分中的蛋黄加入面糊中混合拌匀。

8　将1/3打发好的蛋白放入面糊中混合搅拌至没有蛋白霜块，成为质地光滑的面糊为止。

9　再将上步搅拌好的面糊倒入剩余的蛋白中充分搅拌均匀。当蛋糕需要不同的色彩时可以加入适量的色素混合拌匀。

10　将蛋糕面糊倒入烘烤完成的图案上，用刮板将面糊完全抹平。轻敲烤盘2~3次，将空气排出。

11　放入烤箱，以上火170℃、下火130℃烘烤12~15分钟，将竹签插入蛋糕体中，如果没有粘面糊，烘烤即完成。

12　蛋糕离开烤箱后在其表面覆盖一层蛋糕纸，倒扣在网架上；将表面高温布揭开，再立即盖回蛋糕体表面，待其慢慢散热后整形。

WANGSEN

INTERNATIONAL COFFEE BAKERY WESTERN-FOOD SCHOOL

创业班

适合高中生、大学生、白领一族、私坊烘焙主，想创业、想进修，
100%包就业，毕业即可达到高级技工水平。

一年制蛋糕甜点创业班　　一年制烘焙西点创业班
一年制西式料理创业班　　一年制咖啡西点创业班
一年制法式甜点咖啡班

学历班

适合初中生、高中生，毕业可获得大专学历和高级技工证、100%高薪
就业。

三年制酒店西餐大专班
三年制蛋糕甜点中专班

留学班

适合高中以上任何人群、烘焙爱好者、烘焙企业接班人等，日韩法留
学生毕业可在日本韩国法国就业，拿大专学历证书。

日本果子留学班　　韩国烘焙留学班
法国甜点留学班

外教班

适合想要增加店面赢利点的老板，提升技术的师傅，想创特色产品的老
板，接受国际最顶级大师的产品制作和设计理念。

韩式裱花　　法式甜点
日式甜点　　英式翻糖
美式拉糖　　顶级咖啡
天然酵母面包

苏州校区：www.wangsen.cn　　北京校区：www.bjwangsen.com　　广东校区：www.wsbake.com
QQ：281578010　　电话：4000-611-018　　地址：苏州市吴中区鑫昂路1号